Quelques Principes de Chimie Utiles en Oxydoréduction

Par Dr. Malika Ammam

Copyright© 2017 Malika Ammam. Tous droits réservés.

Offres de Remise

5% de réduction pour des achats de 1 à 5 livres.

8% de réduction pour des achats de plus de 5 livres.

Pour recevoir la remise, envoyez votre demande via https://www.malika-ammam.com/ avec les détails de votre commande et compte PayPal. Assurez-vous que les détails de votre commande (Amazon ou autres sites) ont dépassé la politique de retour de 30 jours.

Merci,

Introduction

En tant que professeure de chimie physique, j'ai remarqué que les étudiants, même dans des classes avancées, ont des difficultés à comprendre les bases d'oxydoréduction (chimie redox ou électrochimie). Dans cette Section 1, j'ai essayé de résumer certains principes fondamentaux de chimie utiles en oxydoréduction d'une manière concise et claire. Les étudiants ont souvent des difficultés à relier la CHIMIE à l'ÉLECTROCHIMIE, en pensant que les deux sont séparés les uns des autres. Les concepts de chimie, tels que les solvants, les électrolytes, la conductivité ionique, l'acidité, l'alcalinité (basicité), le pH, ainsi que certaines bases de thermodynamique et cinétique sont tous des concepts qui peuvent être trouvés en oxydoréduction. Pour clarifier davantage les concepts discutés, un grand nombre de questions et problèmes avec réponses détaillées sont fournis. La plupart de ces questions sont formulées par des étudiants comme vous. Je crois que cette Section 1 aiderait grandement les étudiants avec des niveaux variant de l'école secondaire aux cours universitaires avancés.

Sommaire

Une meilleure compréhension des processus d'oxydoréduction (ou électrochimiques) en solution nécessite la connaissance de quelques notions de base liées à la chimie générale. Ceux-ci comprennent, les solvants et électrolytes utilisés en chimie d'oxydoréduction, l'influence de paramètres tels que la conductivité, l'acidité, la basicité ou le pH, ainsi que les thermodynamiques et cinétiques de ces processus. Cette section résume certaines de ces bases. Rappelez-vous que tous les processus d'oxydoréduction sont des processus chimiques, mais pas toutes les réactions chimiques sont redox et seules celles impliquant le transfert d'électrons sont caractérisées comme redox.

1. Solvants aqueux et non-aqueux

Les solutions aqueuses (aq) sont basées sur l'eau comme solvant. En général, les substances peuvent être hydrophiles (polaires) ou hydrophobes (non polaires) en contact des solutions aqueuses[1-2]. Les substances hydrophiles sont attirées par les molécules d'eau pour former des solutions solubles, résultant dans des mélanges homogènes. En revanche, les substances hydrophobes n'ont aucune affinité pour l'eau et ont tendance à s'éloigner des molécules d'eau, produisant des phases séparées. Par exemple, le NaCl (sel de table) est une substance hydrophile car il peut se dissoudre complètement dans l'eau pour former une solution ionique contenant des complexes faibles de Na^+ et Cl^- avec les molécules de H_2O. En revanche, l'huile végétale est hydrophobe car elle tend à se séparer de l'eau pour former deux phases distinctes: l'eau au fond et l'huile au-dessus. La raison dernière la solubilité des substances (ou solutés) dans l'eau est liée aux forces moléculaires exercées entre les molécules d'eau et celles des espèces de solutés[3]. Un soluté se dissout dans l'eau si les forces d'attraction entre ses espèces et les molécules d'eau sont plus fortes que celles exercées entre les molécules d'eau.

Les solvants non aqueux sont des solvants autres que l'eau, pouvant être de nature minérale ou organique[5]. Les solvants organiques comprennent, entre autres, l'acétone, les alcools, le diméthylsulfoxyde et le tétrahydrofurane. Des exemples de solvants inorganiques comprennent l'acide sulfurique, l'acide phosphorique, le dioxyde de soufre et le fluorure d'hydrogène. Un certain nombre de solutés sont solubles dans un ou plusieurs de ces solvants non aqueux avec des degrés de solubilité variables. Les solvants aqueux et non aqueux sont utilisés en oxydoréduction soit pour des études de recherche ou des applications comme dans les dispositifs énergétiques.

1. **Solutions d'électrolytes**

Les solutés peuvent être dissous dans des solvants aqueux et/ou non aqueux pour former des solutions électrolytiques[6-8]. Certains solutés (comme le NaCl) peuvent se dissoudre complètement dans des solvants tels que l'eau pour former des électrolytes forts, capables de conduire l'électricité. D'autres substances (comme certains acides et bases) peuvent se dissoudre partiellement dans l'eau pour former des électrolytes faibles, souvent à l'état d'équilibre de solubilité où les ions dissous sont en équilibre avec le soluté insoluble. Certains solutés comme le glucose, lactose et l'urée peuvent se dissoudre dans des solvants comme l'eau mais sans former d'espèces ioniques. Cette catégorie de solutions de solutés est appelée non-électrolytes. Notez bien que les électrolytes faibles conduisent faiblement l'électricité alors que les non-électrolytes ne conduisent pas du tout le courant électrique. Ces notions d'électrolyte et de conductivité ionique sont très importantes en oxydoréduction car le courant électrique en solution est transporté par les espèces ioniques.

Le mélange de deux ou plusieurs substances pures donne des solutions homogènes ou hétérogènes. Les espèces (molécules ou ions) présentes en solution peuvent se déplacer librement pour entrer en collision les unes avec les autres et ainsi augmenter la probabilité de production de réactions chimiques[9]. Des mélanges entre différentes substances qui produisent des réactions sont souvent exprimés par des équations. Par exemple, le mélange de HCl avec l'eau donne une solution acide, exprimée par la solubilité de l'acide dans l'eau: $HCl + H_2O \rightarrow H_3O^+ + Cl^-$. L'ajout d'une base comme de NaOH dans cette solution acide dissoudra d'abord la base NaOH dans l'eau pour former des espèces ioniques (Na^+, OH^-). Ensuite la collision entre le H^+ et OH^- forme des molécules d'eau: $(H^+, Cl^-) + (Na^+, OH^-) \rightarrow (Na^+, Cl^-) + H_2O$. Notez bien que les ions Na^+ et Cl^- ne participent pas réellement dans la réaction. Ils sont donc appelés des ions spectateurs. Cependant, dans d'autres réactions comme la précipitation et complexation, ces ions peuvent précipiter ou former des complexes comme dans la réaction: $Ag^+ + Cl^- \rightarrow AgCl$. Dans ce cas, ces ions ne sont plus spectateurs. En résumé, l'oxydoréduction peut se produire dans des mélanges homogènes ou hétérogènes, en fonction de l'objectif et d'applicabilité.

Les réactions chimiques peuvent se produire suivant une seule direction (direct) ou dans les deux sens (direct et inverse) jusqu'à atteindre l'équilibre[10]. Les réactions (ou équations) correspondantes sont souvent présentées par des flèches symbolisant le type de réaction : → pour des réactions direct, ⇔ pour des réactions se produisant dans les deux sens, et ↔ pour des réactions à l'équilibre. Par exemple, NaCl se dissout complètement dans l'eau. Donc, la réaction est présentée par une flèche vers l'avant (NaCl → Na^+ + Cl^-). Cependant, l'éthanol peut partiellement se dissoudre dans l'eau, donc présenté par une double flèche dans les deux sens (C_2H_5OH ⇔ $C_2H_5O^-$ + H^+). Lorsque l'état d'équilibre de solubilité est atteint, la réaction peut s'écrire comme suit: C_2H_5OH ↔ $C_2H_5O^-$ + H^+. Gardez à l'esprit que les processus d'oxydoréduction peuvent se produire dans un seul ou deux directions jusqu'à atteindre l'équilibre. Par contre, la plupart des quantités d'oxydoréduction sont estimées à l'équilibre.

2. Quantification des concentrations des solutés

La quantité de soluté dissoute dans un solvant peut être quantifiée par sa molarité, normalité, molalité, ou en termes de fraction molaire, pourcentage de composition ou partie par million[10]. Parce que les atomes et molécules individuels sont invisibles et donc difficiles à manipuler expérimentalement par des unités de masse atomique, la notion de ''mole'' a été mise en place pour faciliter la mesure des substances en laboratoire. Une mole de n'importe quelle substance contient le nombre d'Avogadro ($6,02214179 \times 10^{23}$) de ses particules constituantes, qui peuvent être des atomes, des molécules, des ions ou des espèces en général[11-12]. La masse molaire de chaque élément représentant le poids de 1 mole est souvent fournie dans le tableau périodique des éléments. Pour les substances composées de plusieurs atomes, la masse totale est calculée en ajoutant les masses molaires de tous les atomes.

La molarité (M) d'une substance dissoute dans un solvant est définie comme le nombre de moles de soluté présent dans un volume (V) de solution: $M = \frac{nombre\ de\ moles\ (soluté)}{V\ (solution)}$

La normalité (N) est considérée comme le nombre d'équivalents de solutés par litre (L) de solution: $N = \frac{nombre\ d'équivalents\ de\ soluté}{lettre\ de\ solution}$. Le terme équivalent est utilisé pour prendre en compte les stœchiométries des espèces impliquées dans la réaction.

La molalité (m) exprime la concentration de soluté présente dans 1 Kg de solvant: $m = \frac{nombre\ de\ moles\ (soluté)}{Kg\ (solvent)}$

La fraction molaire (x_i) représente la proportion d'un certain composant i par rapport à la somme de tous les composants présents en solution: $x_i = \frac{fraction\ molaire\ du\ composant}{nombre\ total\ de\ moles\ de\ tous\ les\ composants}$. La somme des fractions molaires de l'ensemble des composants doit donner 1.

Le pourcentage exprime la teneur relative de chaque élément dans 100 g du composé. Expérimentalement, la composition chimique d'un composé ou substance peut être identifiée par analyse élémentaire.

Des parties par million (ppm) sont souvent utilisées pour exprimer des très petites quantités de solutés dissous dans des solvants. $ppm = \left(\frac{1\ partie\ de\ substance}{1\ 000\ 000\ parties\ de\ solution}\right) \times 100\%$. Pour des concentrations beaucoup plus faibles, des parties par milliard (10^9) et parties par billion (10^{12}) sont utilisés pour exprimer les plus petites quantités de substances présentent en solution.

Notez bien que ces notions sont également utilisées pour exprimer des concentrations d'espèces redox impliquées dans des processus d'oxydoréduction.

3. **Conductivités des solutions d'électrolytes**

Quand un soluté ou électrolyte se dissout dans un solvant comme l'eau pour former des anions et cations chargés, la solution résultante devient un conducteur d'électricité[8,13-14]. Ce type de conductivité électrique est appelé conductivité ionique, ce qui est différent de la conductivité traditionnelle se produisant dans les conducteurs métalliques. La conductivité d'un conducteur métallique est assurée par la formation d'électrons (chargés négativement) et de trous (chargés positivement) à travers la structure cristalline du métal. Dans des solutions électrolytiques, la conductivité ionique est assurée par la formation d'un flux de charge lors du passage d'un champ électrique. En d'autres termes, lorsque la solution d'électrolyte est soumise à un courant électrique, avec des polarités positive et négative aux deux extrémités, les cations chargés positivement se déplaceront vers le pôle chargé négativement et les anions chargés négativement se déplaceront vers le pôle opposé de charge positive. Cela crée une sorte de mouvement de charge qui mène à la conduction électrique.

Les lois conventionnelles utilisées en électricité, comme la loi d'Ohm ($V = IR$, où V est la tension, I est le courant, et R est la résistance de la solution) s'appliquent également à la conductivité ionique des solutions d'électrolytes. En général, la conductivité ionique k (S m^2 mol^{-1}) est définie par: $k = \left(\frac{L}{RA}\right)$, où A présente les sections transversales des électrodes, L est la distance entre les deux électrodes (pôles négatif et positif) et R est la résistance de la solution. Les constantes L et A sont souvent déterminées par étalonnage avec une cellule de conductivité connue. Expérimentalement, les conductivités ioniques des solutions sont déterminées à l'aide des conductimètres. Dans l'ensemble, la conductivité ionique d'une solution augmente à mesure que la concentration augmente parce que plus d'ions sont présents en solution pour induire plus de flux de charge. Notez bien que les conductivités ioniques des solutions d'électrolytes jouent un rôle clé en oxydoréduction[17].

4. Thermodynamique des solutions électrolytiques

5.1. Quantités d'énergie

Un certain nombre de grandeurs liées à l'énergie s'appliquent aux solutions électrolytiques sont aussi valide pour des processus d'oxydoreduction, y compris l'énergie interne, l'enthalpie, l'entropie, l'énergie libre de Gibbs, le potentiel chimique et l'activité[16-18].

L'énergie interne (U) d'une solution électrolytique pourrait être vue comme la somme des énergies cinétiques totales de toutes les espèces impliquées et l'énergie potentielle induite par les interactions entre ces espèces. Notez bien que l'énergie cinétique résulte principalement du mouvement des espèces ainsi que de l'énergie potentielle associée à l'attraction et répulsion entre ces espèces.

Le changement d'enthalpie (H) d'une solution d'électrolyte est associé à la variation d'énergie lors d'addition ou retrait de chaleur du system à pression constante. Lorsqu'une solution reçoit de la chaleur d'une source externe, l'énergie thermique est utilisée pour surmonter la liaison interne. Le processus inverse se produit lors du refroidissement pour former une liaison qui maintient les espèces ensemble. Une réaction est considérée comme endothermique ou consommant de la chaleur si $\Delta H > 0$. Elle est exothermique ou dégage de la chaleur si $\Delta H < 0$.

L'entropie (S) d'une solution d'électrolyte peut être considérée comme une mesure du désordre des espèces induit par leurs mouvements, rotations et vibrations, entre autres. Plus la solution d'électrolyte est complexe en composition et réaction, plus l'entropie est élevée car des états plus énergétiques sont présents dans le système. L'augmentation de température et concentration des espèces solubles entraîne une augmentation d'entropie en raison d'accroissement du mouvement des espèces. Virtuellement, l'entropie de toute substance à *zéro* Kelvin (0 K) est *zéro*. Ceci signifie qu'à cette température toutes les espèces sont gelées dans des endroits bien définis et le désordre devient *zéro*. La variation de l'entropie lors des réactions chimiques est calculée en soustrayant les valeurs d'entropie des produits de celles des réactifs, en tenant compte des coefficients stœchiométriques des réactifs et produits. Par exemple, l'entropie de dissociation de Na_2SO_4 ($Na_2SO_4 \rightarrow 2Na^+ + SO_2^{2-}$) est : $\Delta S = 2S(Na^+) + S(SO_2^{2-}) - S(Na_2SO_4)$.

Bien que les fonctions précédentes puissent parfois apparaître en oxydoréduction à des fins démonstratives, la quantité thermodynamique la plus souvent utilisée en électrochimie est l'énergie libre de Gibbs (G). Les réactions spontanées subissent toujours une baisse d'enthalpie et une augmentation d'entropie. Cependant, les processus soumis à des changements inverses ne se produisent pas spontanément, donc nécessitent une énergie externe pour réaliser la transformation. Numériquement, le changement d'énergie libre de Gibbs à température T est défini comme étant: $\Delta G = \Delta H - T\Delta S$, où H est l'enthalpie, S est l'entropie, et T est la température. Une réaction est considérée comme spontanée si $\Delta G<0$ et non-spontanée si $\Delta G>0$. À l'équilibre $\Delta G=0$, où les deux processus direct et inverse se produisent à la même vitesse (ou cinétique).

Le potentiel chimique (μ) est une autre quantité importante souvent employée en oxydoréduction pour exprimer le changement d'énergie libre de Gibbs d'une espèce à des paramètres constants, comme la pression, température et concentrations des autres espèces. Par conséquent, le potentiel chimique est souvent appelé l'énergie libre molaire partielle et s'exprime comme suit: $dG = -SdT + VdP + (\mu_1 dN_1 + \mu_2 dN_2 \ldots)$, où dG représente le changement infinitésimal d'énergie libre de Gibbs, S est l'entropie, V est le volume, dT et dP sont les changements infinitésimaux de température et pression du système, et dNi représente le changement infinitésimal en nombre d'espèces. À P et T constants, les changements infinitésimaux de ces variables sont nuls, ce qui conduit à: $dG = (\mu_1 dN_1 + \mu_2 dN_2 \ldots)$. Puisqu'à l'équilibre $dG = 0$, donc toutes les espèces ont des potentiels chimiques égaux à l'équilibre.

L'activité d'une espèce i, (a_i) est aussi un paramètre fréquemment utilisé en oxydoréduction. L'activité exprime la concentration effective ou réelle de l'espèce dans un mélange parce que seuls les mélanges dilués se comportent comme idéal. L'activité est directement liée au potentiel chimique: $\mu_i = \mu_i^o + RT \ln a_i$, où R est la constante des gaz parfaits, T est la température, et μ_i^0 est le potentiel chimique de l'espèce à des conditions standard. L'activité est souvent symbolisée par () et la concentration par []. Pour des raisons de simplification, toutes les formules données dans ce manuscrit sont écrites comme activité (), qui dans la plupart des cas représentent les concentrations puisque les solutions traitées sont aux états dilués et donc se comportent comme idéales (activité = concentration ou () = []). Par convention, les activités (ou concentrations) des solides, substances pures et substances en excès sont toujours égales à 1.

5.2. Équilibres chimiques

Durant une réaction chimique, des réactifs sont consommés pour produire des produits en déplaçant la réaction de gauche vers la droite. Cependant, parce que la plupart des réactions chimiques n'atteignent pas 100% d'achèvement, la transformation des réactifs en produits s'arrête à un certain point, permettant les deux réactions en sens directe et inverse de se dérouler à la même vitesse (ou cinétique). Cet état est déterminé comme l'équilibre[16-18]. L'équilibre peut se produire en phase homogène ou hétérogène. Notez bien que les équilibres d'oxydoréduction peuvent être homogènes ou hétérogènes, dépendamment qu'ils se produisent dans une seule ou plusieurs phases.

La perturbation d'un équilibre chimique par des changements de concentration des réactifs ou produits, température ou pression, devrait déplacer la réaction dans une direction particulière pour rétablir l'équilibre (principe de Le Chatelier).

À l'équilibre, le rapport des réactifs et produits est régi par la loi d'action de masse et quantifié par la constante d'équilibre (K_{eq}), exprimée par le rapport des activités (ou concentrations) des produits sur celles des réactifs en considérant leurs coefficients de stœchiométrie. Par exemple, la constante d'équilibre de dissolution de H_2SO_4 dans l'eau ($H_2SO_4 \leftrightarrow 2H^+ + SO_4^{2-}$) est: $K_{eq} = \frac{(H^+)^2(SO_4^{2-})}{(H_2SO_4)}$

Notez bien que la réaction pourrait se déplacer dans les deux sens en fonction des conditions. Par exemple, l'ajout de SO_4^{2-} ou H^+ devrait déplacer l'équilibre vers la gauche (principe de Le Chatelier). Par contre, l'ajout de H_2SO_4 devrait déplacer la réaction vers la droite pour consommer l'excès de H_2SO_4 et rétablir l'état d'équilibre. La connaissance des concentrations permettra de déterminer la constante d'équilibre. Inversement, connaître la constante d'équilibre permettra d'estimer les concentrations si les coefficients stœchiométriques des réactifs et produits sont connus. La constante d'équilibre est liée à l'énergie libre de Gibbs par l'expression: $\Delta G = -RT \ln K_{eq}$. Notez bien que K_{eq} est affecté par la température du système.

5.3. Quelques équilibres importants

Certaines réactions ont des constantes d'équilibres très connues, y compris la solubilité, précipitation, complexation, réactions acido-basique et oxydoréduction[16-18]. L'objectif de ce manuscrit est de discuter les équilibres d'oxydoréduction, mais la solubilité, précipitation, complexation et équilibres acido-basiques peuvent parfois être impliqués dans des processus d'oxydoréduction. En conséquence, ils sont brièvement rappelés. Dans tous les cas, les réactions chimiques, y compris les processus d'oxydoréduction, doivent toujours être équilibrées en masse et en charge, car elles sont écrites pour décrire la transformation d'un certain nombre de moles de réactifs en produits. En d'autres termes, les réactions chimiques sont toujours régies par la loi de conservation de masse. Ceci signifié que pendant la transformation, les atomes restent les mêmes et ne peuvent pas être créés ou détruits durant le processus global. Par conséquent, le nombre d'atomes des deux côtés de l'équation doit être le même. Le nombre de moles de chaque élément impliqué dans la réaction est indiqué par son coefficient stœchiométrique. Le nombre total d'atomes dans chaque côté de la réaction est obtenu en multipliant d'abord les atomes par leurs coefficients stœchiométriques puis additionnant tous les atomes. À la fin, la masse et charge des deux côtés de la réaction doivent être vérifiées et égalisées si nécessaire.

5.4. Solubilité, précipitation et réactions de complexation

Le mélange d'un soluté ionique (ou électrolyte) avec un solvant comme l'eau devrait dissocier le soluté en ses espèces ioniques (cations et anions). Par conséquent, la solubilité pourrait être exprimée en termes de quantité de masse du soluté solide dissociée dans un volume donné du solvant. La solubilité dépend du fait que les forces retenant la structure cristalline du soluté peuvent être rompues en contact des molécules de solvant. En revanche, les réactions de précipitation et complexation peuvent être considérées comme des réactions inverses de solubilité. En précipitation et complexation, les ions dissous se combinent pour former un précipité ou complexe, selon les conditions. Un précipité est souvent neutre mais un complexe est souvent chargé. Par exemple, AgCl formé par la combinaison d'ions Ag^+ et Cl^- est un précipité, tandis que $[Fe(CN)_6]^{3-}$ induit par la combinaison de Fe^{2+} avec six CN^- est un complexe.

À l'équilibre, le soluté solide non dissocié reste en contact avec la solution saturée d'ions. À ce stade, les deux processus de solubilité et précipitation (ou complexation selon les espèces et conditions), se produisent à des vitesses égales (cinétique de réaction directe = cinétique réaction inverse). Globalement, si l'on considère un soluté ionique (A_nB_m) dissociant dans l'eau: $A_nB_m \Leftrightarrow nA^{m+} + mB^{n-}$, la constante de solubilité (K_s) de cette réaction peut être écrite comme suit:

$$K_s = \frac{(A^{m+})^n (B^{n-})^m}{(A_nB_m)}$$

Dans ce cas, la précipitation ou complexation peut être présentée par la réaction inverse: $nA^{m+} + mB^{n-} \Leftrightarrow A_nB_m$, avec la constante de précipitation (K_p) ou complexation (K_c) écrit comme l'inverse de K_s: K_p (ou K_p) $= \frac{1}{K_s}$.

5.5. Réactions acido-basiques

La plupart des substances acido-basiques sont des électrolytes. Lorsqu'ils sont en contact avec un solvant comme l'eau, les acides ou bases se dissocient pour former des espèces cationiques et anioniques. À travers l'histoire, les acides et bases sont exprimés par de nombreuses définitions, y compris Arrhenius, Lewis, et Brønsted/Lowry. La définition d'Arrhenius suggère que les acides libèrent des ions H^+ dans l'eau et les bases forment des ions OH^-. Ainsi, la réaction nette entre un acide et une base produit la molécule d'eau ($H^+ + OH^- \rightarrow H_2O$). La définition de Lewis propose que les bases donnent des paires d'électrons non partagées aux acides, et Brønsted/Lowry suggère que les acides transfèrent un proton aux bases. La pertinence de chaque définition dépend de cas d'étude. Par exemple, en oxydoréduction, la définition de Lewis est parfois plus utile pour expliquer le transfert d'électrons d'une espèce à l'autre. Cependant, dans l'ensemble, la théorie de Brønsted/Lowry est le concept le plus utilisé pour expliquer les processus acido-basiques (transfert d'un proton de l'acide à la base).

Le degré de dissociation des substances acido-basiques en espèces ioniques dépend de la structure de la substance ainsi que des forces qui retiennent le réseau structural. Les acides et bases faibles se dissocieront modérément dans le solvant tandis que les acides et bases forts se dissocieront complètement. Par exemple, HCl est un acide fort, donc il se dissociait complètement dans l'eau. Cependant, le méthanol est un acide faible et se dissocie partiellement dans le même solvant. Notez bien que la molécule d'eau pourrait jouer le rôle d'un acide faible ou d'une base faible, selon la réaction et les conditions : $2H_2O_{(l)} \leftrightarrow H_3O^+_{(aq)} + OH^-_{(aq)}$. Cette réaction de dissociation de l'eau est caractérisée par une constante d'équilibre, appelée constante ou produit ionique de l'eau (K_w): $K_w = \frac{(H_3O^+)(OH^-)}{(H_2O)^2}$. Parce que l'eau est présente en excès, sa concentration est de 1, donc $K_w = (H_3O^+)(OH^-) = 10^{-14}$ à 25° C, et $(H^+) = (OH^-) = 10^{-7}$ mol L^{-1} pour l'eau pure. Les constantes d'équilibres des réactions acido-basiques, souvent appelés K_a pour les acides et K_b pour les bases, sont déterminées par les réactions de dissociation. Le produit de K_a avec K_b donne toujours K_w comme suit: $(K_a)(K_b) = K_w$

Parce que les valeurs des constantes d'équilibres sont souvent très faibles, pK obtenu par le négatif logarithme à base-10 de la constante d'équilibre est mis en place pour mieux comprendre ces quantités et faciliter la comparaison entre les propriétés des espèces. La plupart des constantes d'équilibres, y compris K_s, K_p, K_c, K_w, K_a et K_b sont exprimés en termes de pK (pK_s, pK_p, pK_c, pK_w, pK_a et pK_b). En outre, la concentration de protons ($H^+_{(aq)}$), reflétant l'acidité d'une solution est souvent exprimée par pH: $pH = -Log\,(H^+) = Log\,\frac{1}{(H^+)}$. Ceci est utilisé comme une échelle de mesure d'acidité et basicité des solutions. Pour l'eau pure, $(H^+) = 10^{-7}$ M, donc pH = 7. Les solutions acides et basiques ont respectivement : $(H^+) > 10^{-7}$ et $< 10^{-7}$ M, donc pH < 7 et > 7. De même, comme la constante ionique d'eau est : $K_w = (H_3O^+)(OH^-) = 10^{-14}$ à 25° C, donc $pK_w = pH + pOH = 14$.

Certains milieux, tels que ceux utilisés pour des cultures biologiques ou biochimiques, nécessitent des quantités constantes d'espèces acido-basiques car des changements drastiques d'acidité peuvent entraîner la dénaturation ou la mort des espèces biologiques ou biochimiques. Des solutions tampons avec des résistances élevées aux changements de pH sont donc nécessaires pour ces milieux. Ces solutions tampons contiennent des paires d'acide-base conjuguées assurant le maintien des équilibres acido-basiques lorsque des petites quantités d'acides ou de bases sont ajoutées aux tampons. Généralement, les tampons sont préparés en mélangeant un acide ou base faible avec ses sels. Les paires d'acide-base conjugués utilisées pour préparer des tampons sont typiquement composés entre autres de phosphates, acétates ou citrates. Par exemple, l'acide-base conjugués utilisé dans les solutions tampons de phosphates est: HPO_4^{2-}/PO_4^{3-}. Ainsi, l'ajout de petites quantités de H^+ va déplacer l'équilibre dans la direction qui consommera l'excès de protons (principe de Le Chatelier). Vice versa, l'addition d'une base devrait déplacer l'équilibre dans le sens inverse qui va consommer la base et rétablir le pH d'origine. Cependant, chaque tampon a sa limite en termes de quantité d'acide ou de base qui pourrait être neutralisée avant l'apparition de changements importants de pH. Ceci est appelé capacité (ou pouvoir) tampon, qui diffère d'un tampon à l'autre. Notez bien que les milieux naturels comme le sang et l'eau de mer ont plusieurs paires d'acide-base conjuguées qui leur permettent de maintenir des valeurs de pH constantes.

À des fins d'analyse, la neutralisation d'un acide avec une base ou vice versa pourrait parfois être utile pour déterminer des concentrations ou même identifier des espèces inconnues. Les réactions de neutralisation acido-basique produisent des sels et des molécules d'eau. La progression de la réaction de neutralisation (ou titrage) peut être suivie par l'utilisation d'indicateurs colorés comme la phénolphtaléine ou de pH-mètres. Durant les réactions de neutralisation, un acide (ou base) avec concentration inconnue est ajouté à une base (ou acide) avec concentration connue. Une courbe mesurant la variation du pH en fonction du volume ajouté de la solution à concentration inconnue peut ainsi être dessinée. Au point d'équivalence (ou neutralisation), le nombre d'équivalents (ou normalité) de l'acide est identique à celui de la base. Sur la courbe de titrage, cet état est caractérisé par un saut soudain de pH. À ce point: $C_{inconnue}V_{inconnu} = C_{connue}(V_{final} - V_{initial})$, où $V_{initial}$ représente le volume initial, V_{final} est le volume final au point d'équivalence, C_{connue} est la concentration de la solution connue et $V_{inconnu}$ est le volume de la solution inconnue. Cette relation devrait permettre de calculer la concentration inconnue puisque les autres paramètres sont tous connus. Notez bien que pour prendre en compte le nombre d'équivalents des protons transférés, la concentration doit être exprimée en termes de normalité.

Il est important de se rappeler que la plupart des réactions d'oxydoréduction sont influencées par l'acidité de la solution. Par conséquent, une meilleure compréhension des réactions acido-basiques aidera grandement à comprendre les processus électrochimiques.

6. Réactions d'oxydoréduction

Ces réactions seront discutées dans d'autres sections de ce manuscrit.

7. Cinétique des réactions chimiques

Au cours des processus chimiques, les réactifs entrent en collision les uns avec les autres pour former les produits, et la vitesse de cette conversion définit la cinétique de la réaction[19-20]. Pour former les produits, la collision entre les réactifs nécessite une énergie minimale pour surmonter la barrière permettant aux produits de se former, appelée l'énergie d'activation (E_a). Notez bien que les collisions entre réactifs ne conduisent pas toujours à la formation de produits, car ces collisions ne se produisent pas toutes avec une énergie suffisante ou une orientation correcte des réactifs pendant le processus de collision. L'étape initiale de ce processus de transformation est appelée l'état de transition, caractérisé par la rupture des anciennes liaisons pour en former de nouvelles aux états intermédiaires nommé ''complexe activé''.

Parfois, la collision entre les réactifs est si lente que la réaction ne sera pas complète, même après de longues périodes de temps. Pour accélérer le cours de la réaction, des paramètres influençant comme la température, concentration et l'utilisation de catalyseurs pourraient être manipulés pour atteindre cet objectif. La vitesse de la plupart des réactions élémentaires augmente à mesure que la température accroît en raison d'augmentation d'énergie cinétique des espèces en collision. Ceci devrait augmenter la probabilité que les collisions atteignent l'énergie d'activation pour permettre aux produits de former. En outre, l'augmentation de la concentration des réactifs doit pousser plus d'espèces à entrer en collision, ce qui augmenterait la cinétique. Un catalyseur est une espèce qui pourrait temporairement se combiner avec le réactif pour diminuer son énergie d'activation et accélérer le processus de conversion. Une fois la réaction est achevée, le catalyseur sera libéré dans le milieu réactionnel et pourra être séparé des produits et réactifs restants. Les catalyseurs pourraient être utilisés de manière homogène ou hétérogène. Dans le premier cas, le catalyseur est mélangé avec les réactifs pour interagir avec eux tandis que dans le dernier cas, le catalyseur est immobilisé dans une phase différente, comme sur un solide et les espèces réactants doivent se déplacer vers le solide couvert de catalyseur pour être converti en produits.

Le changement de concentration des réactifs ou produits en fonction du temps définit la vitesse de réaction: $vitesse = \frac{dC}{dt}$, où C est la concentration des réactifs ou produits puisque ce qui est consommé doit être égal à ce qui est produit, et t est le temps nécessaire pour induire le changement de concentration. La connaissance des étapes élémentaires de processus chimique avec leurs vitesses devrait permettre de déterminer le mécanisme de réaction dès le début jusqu'à la fin du processus. La plupart des mécanismes sont complexes et impliquent plusieurs étapes avec formation d'intermédiaires. Des exemples de ces mécanismes comprennent des cinétiques du premier ordre et second ordre, exprimé par : $vitesse = k(A)$ pour le premier ordre et $vitesse = k(A)^2$ ou $vitesse = k(A)(B)$ pour second ordre. A et B représentent les concentrations (ou activités) des réactifs.

Bien que les cinétiques des processus d'oxydoréduction puissent également être évaluées, pour des raisons de simplicité, la plupart des processus redox sont examinés à l'équilibre.

8. Quelques unités importantes de chimie utilisées en électrochimie

Tableau 1: Résumé de quelques unités importantes de chimie utilisées en électrochimie.

Quantité	Symbole	Unité	Autres unités
Volume	V	mètre cube	m^3
		litre	$dm^3 = 10^{-3} m^3$
Masse	u ou Da	unité de masse atomique unifiée	$(6.022 \times 10^{23})^{-1}$ g
	m	gramme, kilogramme	$g = 10^{-3}$ Kg

Temps	s, min, h, j	seconde, minute, heure, jour	1 j = 24 h = 1440 min = 86400 s
Aire	A	mètre carré	m^2
Température	°C	degré Celsius	K-273.15°
Molarité	M	mol L^{-1}	10^{-3} mmol L^{-1}
Molalité	*m*	mol Kg^{-1}	10^{-3} mmol Kg^{-1}
Normalité	N	eq L^{-1}	
Vitesse de réaction		mol L^{-1} s^{-1}	10^{-3} mmol L^{-1} s^{-1}
Pression	P	pascal	N m^{-2} = kg m^{-1} s^{-2}
	atm	atmosphère	101325 Pa
Énergie	J	joule	N m = m^3 Pa = m^2 kg s^{-2}
	Cal	calorie	4184 J
Puissance	W	watt	J s^{-1}
Charge électrique	C	coulomb	A s
Potentiel électrique et force électromotrice	V	volt	W A^{-1}

Résumé

Les réactions chimiques, y compris les processus d'oxydoréduction, peuvent être effectuées dans des solvants aqueux ou non aqueux, en fonction de l'affinité entre les espèces de solutés et le solvant. Les molécules d'eau sont attirées par des substances hydrophiles mais repoussées par des substances hydrophobes. La dissolution des électrolytes dans des solvants peut être totale ou partielle, en fonction des forces exercées entre les molécules de solvant et celles d'électrolyte. Les concentrations des solutés dissoutes dans des solvants peuvent être exprimées par plusieurs façons, y compris la molarité, molalité, normalité, fraction molaire, pourcentage et partie par million. Les électrolytes capables de se dissoudre complètement dans des solvants induisent des solutions avec de grandes conductivités ioniques alors que les électrolytes partiellement dissociés conduisent à de faibles conductivités ioniques. Le mélange de deux ou plusieurs substances induit des solutions homogènes ou hétérogènes. Des réactions chimiques, y compris des processus d'oxydoréduction, peuvent se produire dans des mélanges homogènes ou hétérogènes pour transformer les réactifs en produits. Au début du processus de transformation, les réactions progressent dans un seul sens jusqu'à atteindre l'équilibre, où les réactions se produisent dans les deux sens (direct et inverse) à la même vitesse (ou cinétique). Les changements d'énergie des réactions chimiques, y compris les processus d'oxydoréduction, peuvent être décrits par plusieurs grandeurs thermodynamiques, comme l'enthalpie, l'entropie, l'énergie libre de Gibbs et le potentiel chimique. La solubilité, complexation, précipitation, processus acido-basiques et oxydoréduction sont les processus les plus étudiés. Ces réactions impliquent souvent plusieurs étapes et leur identification devrait aider à déterminer les mécanismes des réactions complexes. Les réactions électrochimiques (ou oxydoréduction) sont parmi les réactions chimiques les plus étudiées, et certaines de leurs bases seront discutées dans les prochaines sections.

Références

1. Silverstein, T. P. (1998), The Real Reason Why Oil and Water Don't Mix, Journal of Chemical Education, 75: 116-346.
2. Wenzel, R. N. (1936), Resistance of Solid Surfaces to Wetting by Water, Industrial and Engineering Chemistry, 28 (8): 988-994.
3. Gong, Y; Grant, Brittain, H. G. (2007), Solvent Systems and Their Selection in Pharmaceutics and Biopharmaceutics, Principles of Solubility, pp 1-27, Part of the Biotechnology: Pharmaceutical Aspects book series (PHARMASP, volume VI). Springer.
4. Covington, A. (2012), Physical Chemistry of Organic Solvent Systems. Springer Science & Business Media.
5. Chipperfield, J. (1999), Non-Aqueous Solvents, Oxford University Press.
6. Ronald Fawcett, W. (2004), Liquids, Solutions, and Interfaces, Oxford University Press.
7. Robinson, R. A; and Robert Harold Stokes, R. S. (2002), Electrolyte solutions. Courier Corporation.
8. Wright, M. R. (2007). An Introduction to Aqueous Electrolyte Solutions, Wiley.

9. Keeler, J.; Wothers, P. (2003), Why Chemical Reactions Happen, Oxford University Press.

10. IUPAC. Compendium of Chemical Terminology, 2nd ed. (the "Gold Book"). Compiled by McNaught, A. D.; Wilkinson, A. (1997), Blackwell Scientific Publications, Oxford.

11. Avogadro, A. (1811), Essai d'une Maniere de Determiner les Masses Relatives des Molecules Elementaires des Corps, et les Proportions selon Lesquelles elles Entrent dans ces Combinaisons, Journal de Physique, 73: 58-76.

12. De Bieve, P; Peiser, H. S. (1992)., Atomic Weight: The Name, Its History, Definition and Units". Pure and Applied Chemistry. 64 (10): 1535-43.

13. Gray, J. R. (2004), Conductivity Analyzers and Their Application, In Down, R. D.; Lehr, J. H. Environmental Instrumentation and Analysis Handbook. Wiley. pp. 491–510.

14. Marija, B. R; Dušan H. (2006), Modern Advances in Electrical Conductivity Measurements of Solutions, Acta Chimica Slovenica, 53, 391-395.

15. Bockris, J. O. M.; Reddy, A. K. N; Gamboa-Aldeco, M. (1998), Modern Electrochemistry (2nd. ed.). Springer.

16. Tschoegl, N. W. (2000), Fundamentals of Equilibrium and Steady-State Thermodynamics, Elsevier, Amsterdam.

17. Atkins, P.; Julio D. P. (2006), Physical Chemistry, 8th ed. Oxford University Press.

18. Salzman, W. R. (2001), Open Systems, Chemical Thermodynamics. University of Arizona.

19. Guy M.; Gregory S. Y. (2011), Kinetics of Chemical Reactions, Wiley.

20. Jorge A. (2017), Chemical Reaction Kinetics: Concepts, Methods and Case Studies, Wiley.

Section 1

Questions Pratiques et Problèmes avec Solutions

Un ensemble de questions pratiques et problèmes avec solutions détaillées sont fournies pour mieux expliquer les concepts discutés.

Q1. i) Fournir quelques exemples de solvants aqueux et non aqueux. ii) Proposer un procédé de préparation de solutions électrolytiques en utilisant ces solvants. iii) Quels types de solvants sont utilisés pour des études électrochimiques?

Sol1. i) Les solvants aqueux signifient de l'eau et solvants non aqueux peuvent être soit organiques (comme acétone ou acétonitrile) ou inorganiques (comme HCl ou H_2SO_4). ii) Les solutions d'électrolytes sont préparées par ajout de solutés dans des solvants. Par exemple, l'addition de KCl dans l'eau forme un électrolyte aqueux tandis que l'addition de NH_4Cl dans des solvants organiques forme des électrolytes non-aqueux. iii) Les deux types de solvants (aqueux et non-aqueux) sont utilisés en électrochimie, en fonction de la solubilité des espèces redox et du but d'étude.

Q2. i) Combien de molécules d'eau, d'oxygène et d'hydrogène sont présentes dans 1 mole? ii) Cela diffère-t-il du nombre d'atomes d'or et de fer présents dans 1 mole?

Sol2. i) 1 mole d'eau, d'oxygène ou d'hydrogène contient exactement $6,02214179 \times 10^{23}$ molécules (nombre d'Avogadro). ii) La même chose s'applique aux métaux purs comme l'or (Au) ou le fer (Fe), où 1 mole de chaque élément contient $6,02214179 \times 10^{23}$ atomes.

Q3. Une quantité de fer pur (Fe) est recueillie d'une mine voisine puis envoyée à un laboratoire de chimie pour analyse. i) Selon vous, quel équipement est nécessaire pour déterminer le nombre de moles présents dans cette quantité de fer? ii) Si l'échantillon pèse 5,1 kg, combien d'atomes de Fe sont présents?

Sol3. i) Le chimiste a besoin d'une balance pour peser le fer et déterminer sa masse.
ii) Si la masse de fer est de 5,1 kg, il faut d'abord la convertir en nombre de moles. Le tableau périodique indique qu'une 1 mole de Fe pèse 55,8 g. Donc, $5,1 \times 10^3$ g contient: $\frac{5,1 \times 10^3}{55,8} = $ 91,4 moles de Fe. Puisque 1 mole de Fe contient le nombre d'Avogadro ou $6,02214179 \times 10^{23}$ atomes de Fe, donc le nombre total de moles dans le sac est de : $91,4 \times 6,02214179 \times 10^{23} = 5,5 \times 10^{25}$ atomes of Fe.

Q4. i) Combien de grammes existe-t-il dans 1 mole de Au, S, H_2S et NH_3? ii) Une mole de chaque substance contient combien d'atomes ou molécules?

Sol4. i) Le tableau périodique fournit de nombreuses informations, telles que la masse molaire de chaque élément. Les masses atomiques de Au, S, H et N sont respectivement de 196.96, 32,06, 1,00 et 14,00 g mol^{-1}. Pour les molécules, le poids moléculaire est déterminé en additionnant les masses molaires de tous les atomes présents dans la molécule. Par exemple, masse (H_2S) = masse (H) × 2 + masse (S) = (1,00 × 2) + 32,06 = 34,06 g mol^{-1}. De même, la masse (NH_3) = masse (N) + masse (H) × 3 = 14,00 + 1,00 × 3 = 17 g mol^{-1}.

ii) 1 mole de chaque substance contient le même nombre d'atomes ou molécules, qui est le nombre d'Avogadro ou $6,02214179 \times 10^{23}$.

Q5. i) Définir l'état d'équilibre d'une réaction chimique de type ($A^+ + B^- \rightarrow AB$) à température et pression constantes. ii) Quelle est la constante de solubilité de la réaction: $AB \rightarrow A^+ + B^-$? iii) Classer les sels suivants par solubilité accrue: $Cu(OH)_2$ ($K_s = 2,2 \times 10^{-20}$), $Ca(OH)_2$ ($K_s = 8,0 \times 10^{-6}$), et $Al(OH)_3$ ($K_s = 1,8 \times 10^{-33}$).

Sol5. i) Une réaction chimique de type ($A^+ + B^- \rightarrow AB$) atteint l'équilibre lorsque la vitesse de conversion des réactifs (A^+ et B^-) en produit (AB) est égal à la vitesse de conversion de la réaction inverse (AB en A^+ et B^-). En d'autres termes, les réactions en sens directe et inverse se produisent au même rythme.

ii) La constant de solubilité d'un composé est défini comme étant le produit des activités molaires (ou concentrations) des respectifs ioniques élevés à la puissance de leurs coefficients stœchiométriques. Pour la réaction de type ($A^+ + B^- \rightarrow AB$) : $K_s = \frac{(A^+)(B^-)}{(AB)}$. L'activité est utilisée pour des solutions réelles tandis que la concentration pour des solutions diluées qui se comportent comme idéales. Si AB est un solide, son activité (ou concentration) est par convention 1. Ainsi, $K_s = (A^+)(B^-)$.

iii) Ces sels pourraient être comparés selon leurs valeurs de K_s. Plus la constante de solubilité est élevée, plus la concentration d'espèce en solution est élevée. Par conséquent, la solubilité diminue dans l'ordre suivant: $Al(OH)_3 < Cu(OH)_2 < Ca(OH)_2$.

Q6. Considérons une solution aqueuse d'ions métalliques contenant de Ag^+ (0,01M) et Hg_2^{2+} (0,01M). i) Selon vous, ces ions pourraient-ils précipiter s'ils sont en contact avec des ions d'halogènes, tels que Cl^- ou I^-? ii) Lequel des deux sels (AgI ou Hg_2I_2) devrait précipiter en premier et pourquoi? Les constantes de solubilité sont: K_s (AgI) = $8,5 \times 10^{-17}$ et K_s (Hg_2I_2) = $2,5 \times 10^{-26}$.

Sol6. i) Oui si Ag^+ ou Hg^{2+} est en contact avec Cl^- ou I^-, des sels légèrement solubles doivent précipiter pour former $AgCl$, AgI, $HgCl_2$ et HgI_2. ii) La quantité de sel précipité dépendra de la concentration des espèces ioniques présentes en solution.

ii) La réaction de précipitation avec les ions I^- pourrait être résumée comme suit:

$Ag^+ + I^- \rightarrow AgI$, avec $K_p = \dfrac{(AgI)}{(Ag^+)(Cl^-)} = \dfrac{1}{K_s}$

Notez bien que $(AgI) = 1$ parce que c'est un solide.

La concentration de I^- pourrait être calculée à partir des données fournies: $8,5 \times 10^{-17} = (0,01)(I)$. Par conséquent, la concentration de I^- permettant à AgI de précipiter est de $8,5 \times 10^{-15}$ mol L^{-1}.

Pour $2Hg^+ + 2I^- \rightarrow Hg_2I_2$, $K_p = \dfrac{(Hg_2I_2)}{(Ag^+)^2(I^-)^2} = \dfrac{1}{K_s}$

Aussi, $(Hg_2I_2) = 1$ parce que c'est un solide.

Par conséquent, la concentration de I^- pourrait être calculée à partir de la relation : $2,5 \times 10^{-26} = (0,01)^2 (I^-)^2$. Donc, la concentration permettant à Hg_2I_2 de précipiter est de $1,58 \times 10^{-12}$ mol L^{-1}.

On peut voir que la concentration de (I^-) permettant à AgI de précipiter est bien inférieure, ce qui signifie que AgI nécessite moins de concentration d'ions en solution pour précipiter. En conséquence, AgI va précipiter en premier et l'ajout progressif de I^- à la solution permettra à Hg_2I_2 de se former au fur et à mesure.

Q7. Sulfate de calcium ($CaSO_4$) est un sel légèrement soluble. Une solution de $CaSO_4$ est préparée en dissolvant $0,56$ g L^{-1} dans l'eau. Estimer la constante de solubilité de ce sel à $25^\circ C$. La masse molaire de $CaSO_4 = 136,2$ g mol^{-1}.

Sol7. L'équation de solubilité de $CaSO_4$ dans l'eau pourrait s'écrire comme suit :

$CaSO_{4(s)} \rightarrow Ca^{2+}_{(aq)} + SO_4^{2-}_{(aq)}$, avec $K_p = \dfrac{(Ca^{2+})(SO_4^{2-})}{(CaSO_4)} = \dfrac{1}{K_s}$

Notez bien que la concentration de $CaSO_{4(s)}$ est de 1 parce que c'est un solide.

La stœchiométrie de la réaction indique que 1 mole de $CaSO_4(s)$ donne 1 mole de Ca^{2+} et 1 mole de SO_4^{2-}. Puisque la concentration est donnée en g L^{-1}, il faut la convertir en mol L^{-1}.

$(CaSO_4) = \dfrac{0,56}{136,2} = 4,1 \times 10^{-3} = (Ca^{2+}) = (SO_4^{2-})$

Cela donne : $K_s = (Ca^{2+})(SO_4^{2-}) = (4,1 \times 10^{-3})^2 = 1,68 \times 10^{-5}$

Q8. La réaction entre Cu^{2+} et OH^- produit un hydroxyde métallique de type $Cu(OH)_2$ légèrement soluble dans l'eau. i) Écrire la réaction de formation de $Cu(OH)_2$. ii) Combien de moles de OH^-

et Cu^{2+} sont nécessaires pour former 1 mole de $Cu(OH)_2$? iii) Si la constante de solubilité de $Cu(OH)_2$ est de $2,2 \times 10^{-20}$, estimer les concentrations des ions solubles en solution.

Sol8. i) La réaction de formation de ce précipité peut être écrite comme suit :

$Cu^{2+} + 2OH^- \rightarrow Cu(OH)_2$

ii) La réaction indique que 1 mole de Cu^{2+} nécessite 2 moles de OH^- pour former 1 mole de $Cu(OH)_2$.

iii) La constante de solubilité de $Cu(OH)_2$ est la valeur inverse de la constante de précipitation.

$K_s = (Cu^{2+})(OH^-)^2$, avec $(Cu^{2+}) = (OH^-)$

Supposant que $(Cu^{2+}) = C$, donc $(OH^-) = 2C$ et $K_s = (C)(2C)^2 = 4C^3$.

Le remplacement de K_s par sa valeur donne: $C^3 = \frac{2,2 \times 10^{-20}}{4}$, ou $C = 1,8 \times 10^{-7}$ mol L^{-1}

Q9. H_3PO_4 réagit avec NaOH pour produire NaH_2PO_4. i) Dans quelle catégorie faut-il placer cette réaction? Quels sont les rôles de H_3PO_4 et NaOH? ii) Quel est le nombre d'équivalents de protons impliqués lors de la première dissociation?

Sol9. i) La réaction de H_3PO_4 avec NaOH est principalement une réaction acido-basique, où H_3PO_4 joue le rôle d'un acide et NaOH c'est une base.

ii) Cette réaction pourrait être résumée comme suit: $H_3PO_4 + NaOH \rightarrow NaH_2PO_4 + H_2O$

Au cours de cette première dissociation, un équivalent de H_3PO_4 produit un équivalent de protons H^+. Cependant, si la réaction continue à se dissocier, jusqu'à 3 équivalents de protons peuvent être produits.

Q10. i) Quelle est la meilleure façon de préparer une solution aqueuse acide, une solution basique et une solution neutre? 5,33 g de H_2SO_4 sont ajoutés à 48,00g d'eau pour former 100,00 mL d'une solution d'acide sulfurique. ii) Estimer la molalité, molarité et normalité de cette solution. La masse molaire de H_2SO_4 = 98,07 g mol^{-1}.

Sol10. i) La meilleure façon de préparer une solution acide est d'ajouter un acide à l'eau. Pour préparer une solution basique, une base devrait être ajoutée à l'eau. Pour une solution neutre, un sel (comme NaCl) peut être ajouté à l'eau. Le pH de chaque solution pourrait être contrôlé par un pH-mètre (pH ~7 pour neutre, pH <7 pour acide, et pH> 7 pour basique).

ii) L'addition d'acide sulfurique dans l'eau produite une solution aqueuse acide.

La molarité M est définie comme le nombre de moles de solutés présentes dans un volume V de solution: $M = \frac{\text{moles de soluté}}{\text{volume de solution}} = \frac{5,33 \, g}{(98,07 \, g mol^{-1})(0,1 \, L)} = 0,543$ mol L^{-1}

La molalité m est exprimée en termes de quantité de soluté présente dans une masse donnée de solvant en Kg: $m = \dfrac{\text{moles de soluté}}{Kg \text{ de solvant}} = \dfrac{5,33\ g}{(98,07 g mol^{-1})(0,048\ Kg)} = 1,13$ mol Kg^{-1}

La normalité N est considérée comme étant le nombre d'équivalents de solutés par litre L de solution: $N = \dfrac{\text{équivalents de soluté}}{L \text{ de solution}} = 2 \times M = 2 \times 0,543 = 1,086$ N

Q11. i) Dans quelles catégories faut-il placer Ba(OH)$_2$ et HCl? 0,1 M de Ba(OH)$_2$ est ajouté à 0,08 M de HCl puis laissé réagir pour un certain temps. ii) Estimer la molarité des ions à la fin de la réaction.

Sol11. i) HCl est un acide et Ba(OH)$_2$ est une base. Le mélange des deux devrait produire de l'eau et un sel selon la réaction de neutralisation acido-basique suivante:

2HCl + Ba(OH)$_2$ $\rightarrow$ BaCl$_2$ + 2H$_2$O

ii) La stœchiométrie de la réaction indique que 1 mole Ba(OH)$_2$ nécessite 2 moles HCl. Ainsi, 0,08 moles de HCl nécessiteront (0,5 × 0,08 = 0,04) moles de Ba(OH)$_2$. Parce que 0,1 mole de Ba(OH)$_2$ est utilisée, donc (0,1 – 0,04) = 0,06 moles de Ba(OH)$_2$ restera en solution.

À la fin de la réaction, tout le HCl doit être consommé en laissant 0,06 M de Ba(OH)$_2$ non réagi et 0,04 M de BaCl$_2$.

Q12. i) Donner quelques exemples de monoacides, diacides et triacides. ii) Quelle est la différence entre les trois catégories d'acides? iii) Estimer le nombre de grammes de Mg(OH)$_2$ nécessaires pour convertir complètement 40,0 ml de 0,206 N H$_3$PO$_4$ en PO$_4^{3-}$. La masse molaire de H$_3$PO$_4$ = 98 g mol^{-1}.

Sol12. i) Des exemples de monoacides, diacides et triacides sont respectivement HCl, H$_2$SO$_4$ et H$_3$PO$_4$. ii) La différence entre ces acides concerne le nombre de protons qui peut être produits lors de la dissociation. Les monoacides ne donnent qu'un seul proton alors que les diacides et triacides peuvent donner jusqu'à deux et trois protons, respectivement.

iii) La réaction entre la base Mg(OH)$_2$ et le triacide H$_3$PO$_4$ produit de l'eau et du sel. La réaction de neutralisation pourrait être résumée comme suit :

3Mg(OH)$_2$ + 2H$_3$PO$_4$ $\rightarrow$ Mg$_3$(PO$_4$)$_2$ + 6H$_2$O

La masse de H$_3$PO$_4$ présente dans 40 ml de 0,206 N est : $\dfrac{(98\ gmol^{-1}) \times 0,206 \times 0,04}{3} = 0,269$ g (utilisation de définition de normalité). Le nombre de moles est: $\dfrac{0,269\ g}{98\ gmol^{-1}} = 0,0027$ moles. La réaction indiquent que 0,0027 moles de H$_3$PO$_4$ a besoin de $\dfrac{3}{2 \times 0,0027} = 0,00405$ moles de

Mg(OH)$_2$. Par conséquent, la masse correspondant à 0,00405 moles de Mg(OH)$_2$ = 58,32 × 0,00405 = 0,236 g

Q13. i) Décrire ce qui se passe pendant une réaction de neutralisation acido-basique. ii) Estimer le volume de HCl (0,200 M) requis pour neutraliser 0,70 g d'hydroxyde de calcium dissous dans l'eau. La masse molaire de Ca(OH)$_2$ est de 74,09 g mol^{-1}.

Sol13. i) Lors d'une réaction de neutralisation entre un acide et une base, les protons libérés par l'acide réagiront avec les hydroxyles générés par la base pour former des molécules d'eau. La réaction globale devrait produire des molécules d'eau et des ions de sel.

La neutralisation de CaCl$_2$ avec NaOH pourrait être résumée par la réaction suivante:

2HCl + Ca(OH)$_2$ → CaCl$_2$ + 2H$_2$O

La stœchiométrie de la réaction indique que 1 mole de Ca(OH)$_2$ nécessite 2 moles de HCl pour la neutralisation. Le nombre de moles de Ca(OH)$_2$ est de: $\frac{0{,}70\ g}{74{,}09\ gmol^{-1}}$ = 0,0094 moles. Donc, 0,0094 moles de Ca(OH)$_2$ devrait nécessiter 2 × 0,0094 = 0,0188 moles de HCl.

La molarité M est définie comme le nombre de moles de soluté présents dans un volume V de la solution : $M = \frac{\text{moles de soluté}}{\text{volume de solution}}$. Donc, $V = \frac{\text{moles of solute}}{M} = \frac{0{,}0188}{0{,}200}$ = 0,094 L

En somme, 94 ml de solution de HCl sont nécessaires pour neutraliser la base.

Q14. L'acide lysergique est un acide organique avec la formule C$_{15}$H$_{15}$N$_2$COOH. i) Écrire la réaction de dissociation de cet acide dans l'eau. ii) L'acide lysergique est titré par NaOH. Identifier la réaction de neutralisation. iii) Calculer le nombre de grammes de C$_{15}$H$_{15}$N$_2$COOH nécessaire pour neutraliser 4,3 ml d'une solution de 0,05 M de NaOH au point d'équivalence. La masse molaire de C$_{15}$H$_{15}$N$_2$COOH = 268 g mol^{-1}.

Sol14. i) La dissociation de C$_{15}$H$_{15}$N$_2$COOH dans l'eau pourrait être résumée par la réaction suivante:

C$_{15}$H$_{15}$N$_2$COOH → C$_{15}$H$_{15}$N$_2$COO$^-$ + H$^+$

ii) La réaction de neutralisation avec NaOH produit de l'eau et de sel selon la réaction:

C$_{15}$H$_{15}$N$_2$COOH + NaOH → C$_{15}$H$_{15}$N$_2$COONa + H$_2$O

iii) La stœchiométrie de la réaction indique que 1 mole C$_{15}$H$_{15}$N$_2$COOH a besoin 1 mole NaOH. Le nombre de moles de NaOH = 0,043 × 0,05 = 0,00215 moles. Selon la réaction, 0,00215 moles de NaOH nécessitent 0,00215 moles d'acide lysergique.

Le nombre de grammes correspondant à 0,00215 moles d'acide lysergique est de: 0,00215 × 268 = 0,576 g.

En somme, 0,576 grammes d'acide lysergique sont nécessaires pour conduire la réaction de neutralisation avec du NaOH au point équivalent.

Q15. i) Fournir quelques exemples d'acides organiques. ii) Peut-ont déterminé la structure de l'un de ces acides en utilisant des réactions de neutralisation avec des bases connues? 0,200 g d'acide inconnu est dissous dans 100 ml d'eau puis titré avec 22,6 ml d'une solution de 0,200 M de NaOH. iii) Identifier si l'acide inconnu fait partie de ces trois possibilités: CH_3COOH, $CH_3COCOOH$ ou CH_3CH_2COOH. Les masses molaires de ces acides sont: CH_3COOH = 60 g mol^{-1}, $CH_3COCOOH$ = 88 g mol^{-1} et CH_3CH_2COOH = 74 g mol^{-1}.

Sol15. Des exemples d'acides organiques sont: CH_3COOH, $CH_3COCOOH$ et CH_3CH_2COOH (les acides proposés). ii) Oui, la connaissance des bases et les conditions de neutralisation permettront de déterminer la structure de l'acide.

iii) Les réactions entre les acides proposés avec NaOH devrait produire des sels et de l'eau selon les réactions suivantes:

$CH_3COOH + NaOH \rightarrow CH_3COONa + H_2O$

$CH_3COCOOH + NaOH \rightarrow CH_3COCOONa + H_2O$

$CH_3CH_2COOH + NaOH \rightarrow CH_3CH_2COONa + H_2O$

Les stœchiométries des réactions indiquent que 1 mole de chaque acide réagit avec 1 mole de NaOH. Le nombre de moles de NaOH réagissant avec chaque acide est de 0,0226 × 0,200 = 0,00452 mole de NaOH. Selon la stœchiométrie, ceci devrait également être le nombre de moles de chaque acide.

Par conséquent, la masse molaire de l'acide inconnu est de: $\frac{0,200}{0,00452 \times 0,1}$ = 442,47 g mol^{-1}

Aucune des masses molaires fournies ne correspond à la masse molaire calculée. Ainsi, l'acide utilisé pour la neutralisation n'est pas parmi ceux listés.

Q16. NaOH est dissous dans l'eau pour former une solution de NaOH 0,02 M. De même, l'acide acétique est dissous dans l'eau pour former une solution d'acide acétique 0,14 M. i) Estimer le pH des solutions de NaOH et d'acide acétique. ii) Si la solution d'acide acétique à 0,14 M est ionisée à seulement 1,4%, quel serait son pH?

Sol16. i) La dissolution de NaOH et d'acide acétique dans l'eau pourrait être exprimée par les réactions suivantes:

NaOH → Na$^+$ + OH$^-$

CH$_3$COOH → CH$_3$COO$^-$ + H$^+$

La concentration (ou molarité) du NaOH est de 0,02 M. La stœchiométrie de la réaction indique que 1 mole de NaOH donne 1 mole de OH$^-$. Ainsi, le *pOH* de la solution est de: *pOH* = -Log (OH$^-$) = 1,7, et parce que *pH* + *pOH* = 14, donc *pH* = 12,3.

De même, la molarité de la solution d'acide acétique est de 0,14 M, ce qui correspondra également à la concentration des ions H$^+$, selon la stœchiométrie de la réaction. Le pH est défini par la formule: *pH* = -Log (H$^+$) = 0,85

ii) Si la solution d'acide acétique est ionisée à uniquement 1.4%, donc le *pH* = -Log (0,14 × 1,4%) = 2,7

Q17. 0,081 g d'un monoacide inconnu est dissous dans 1 L d'eau neutralisé avec 6,35 mL de NaOH à 0,0471 M. i) Estimer le poids équivalent en acide. ii) Cet acide pourrait-il être CH$_3$C$_6$H$_4$COOH ou CH$_3$CH$_2$C$_6$H$_4$COOH? Expliquer pourquoi. La masse molaire de CH$_3$C$_6$H$_4$COOH = 136 g mol^{-1} et celle de CH$_3$CH$_2$C$_6$H$_4$COOH = 150 g mol^{-1}

Sol17. i) La réaction entre l'acide et la base NaOH devrait induire de sel et de l'eau. À partir des données fournies, le nombre de moles de NaOH peut être calculé comme suit: (6,35 × 10^{-3} L) × (0,0471 M) = 0,006 × 0,0471 = 0,000283 moles de NaOH.

Puisque la réaction implique la perte d'un proton (monoacide), la stœchiométrie de la réaction devrait indiquer que 1 mole de NaOH réagira avec 1 mole d'acide. Cela signifie que le nombre de moles de l'acide est également de 0,000283 moles. Par conséquent, la masse molaire de l'acide inconnu est de : $\frac{0,081}{0,000283 \times 1}$ = 286,2 g mol^{-1}

Cette masse ne correspond pas à la masse molaire de CH$_3$C$_6$H$_4$COOH ou CH$_3$CH$_2$C$_6$H$_4$COOH.

Q18. i) Estimer le pH d'une solution contenant une concentration de 5,2 × 10^{-12} mol L^{-1} en protons H$^+$. Cette solution représente une solution de détergent et comme les bases fortes pourraient attaquer les structures protéiques, le détergent doit afficher une étiquette d'avertissement si ses composantes forment des solutions avec des pH supérieur à 11. ii) Sous les conditions proposés, le détergent proposé doit-il porter une étiquette d'avertissement?

iii) Estimer les valeurs de pH de la solution de chlorure d'ammonium 0,06 M, d'acétate de sodium 0,03 M et du cyanure de sodium 0,15 M. K_a (chlorure d'ammonium) = 5,6 × 10^{-10}, K_b (acétate de sodium) = 5,37 × 10^{-10}, et K_b (cyanure de sodium) = 2 × 10^{-5}.

Sol18. Par définition, $pH = -\text{Log}(H^+) = -\text{Log}(5,2 \times 10^{-12}) = 11,28$

ii) Parce que la valeur du pH est supérieure à 11, la boîte doit montrer une étiquette d'avertissement.

iii) Les trois acides proposés sont tous faibles, ce qui signifie qu'ils se dissous partiellement dans l'eau. Dans ce cas, la concentration en protons de la solution de chlorure d'ammonium pourrait être exprimée par: $(H^+) = (K_a \times 0,06)^{1/2} = 5,8 \times 10^{-6}$. Donc, $pH = -\text{Log}(H^+) = 5,2$

Pour $K_b = 5,37 \times 10^{-10}$ et molarité de 0,03 M, la concentration d'hydroxyle de la solution d'acétate de sodium peut être estimée comme: $(OH^-) = (K_b \times 0,03)^{1/2} = 5,39$. Parceque $pH + pOH = 14$, donc $pH = (14 - 5,39) = 8,6$

Pour $K_b = 2 \times 10^{-5}$ et molarité de 0.15M, la concentration d'hydroxyle de la solution de cyanure de sodium est: $(OH^-) = (K_b \times 0,15)^{1/2} = 1,7 \times 10^{-3}$, donc $pOH = -\text{Log}(OH^-) = 2,77$ ou $pH = (14 - 2,77) = 11,23$

Q19. Des volumes égaux d'acide acétique (0,15 M) et d'acétate de sodium (0,15 M) sont mélangés pour former une solution tampon. i) Estimer le pH de la solution tampon résultante. pK_a (acide acétique) = 4,74

Une seconde solution tampon est préparée en mélangeant des volumes égaux d'acide propionique (0,3 M) avec du propionate de sodium (0,3 M). ii) Calculer le pH de la solution obtenue. pK_a (acide propionique) = 4,87

Une troisième solution tampon est préparée à partir d'ammoniaque (0,061 M) et de chlorure d'ammonium (0,181 M). iii) Si HCl est ajouté à ce tampon, le pH changerait-il? Calculer le pH obtenu avant et après l'ajout de HCl. pK_b (ammoniaque) = 4,75

Sol19. i) Les solutions tampons sont caractérisées par des pH stables lors d'addition de petites quantités d'acides ou de bases. L'acétate et propionate sont de bonnes espèces pour préparer des solutions tampons en raison de leurs caractères acide-base conjugués.

Le pH d'un tampon peut être estimé par la formule: $pH = pK_a + Log\frac{(CH_3COONa)}{(CH_3COOH)} = pK_a + Log\frac{(0,15)}{(0,15)} = pK_a = 4,74$

ii) La même procédure s'applique au tampon de propionate: $pH = pK_a + Log\frac{(CH_3CH_2COONa)}{(CH_3CH_2COOH)} = pK_a + Log\frac{(0,3)}{(0,3)} = pK_a = 4,87$

iii) Contrairement à l'acétate ou propionate, l'ammoniaque a une faible capacité tampon, ce qui signifie qu'il n'est pas bon pour préparer des solutions tampons.

L'ammoniaque est une base faible, donc pOH peut être estimé par la formule: $pOH = pK_b +$ $+ Log \frac{(sel)}{(base)} = pK_b + Log \frac{(0,181)}{(0,061)} = 5,22$. Donc, pH = (14 – 5,22) = 8,77

En raison de sa faible capacité tampon, même de petites quantités de HCl devraient modifier le pH de la solution d'ammoniaque. L'ajout de HCl devrait réduire le pH à une valeur inférieur à 8,7 (réaction de neutralisation entre l'acide et la base).

Q20. Une solution de pyridine 0,11 M est titrée par une solution de HCl. Estimer le pH de la solution résultante aux rapports suivants: équivalent H^+/équivalent pyridine = 0,4 et 1. K_b (pyridine) = $1,58 \times 10^{-8}$

Sol20. La pyridine est une base faible, donc le pOH peut être estimé par la formule : $pOH = pK_b$ $+ Log \frac{(sel)}{(base)} = pK_b + Log \frac{(sel)}{(base)}$

Pour un rapport égale à 0,4, $pOH = 7,8 + Log (0,4) = 7,4$, donc $pH = (14 – 7,4) = 6,6$

Pour un rapport égale à 1, $pOH = 7,8 + Log (1) = 7,8$, donc $pH = (14 - 7,8) = 6,2$

Q21. Déterminer les constantes d'équilibres de chacune des réactions suivantes.

$CH_3COOH + F^- \leftrightarrow HF + CH_3COO^-$

$NH_3 + HSO_3^- \leftrightarrow SO_3^{2-} + NH_4^+$

Sol21. Chacune des réactions peut avancer dans le sens direct (droite à gauche) ou sens inverse (gauche à droite). Les constantes d'équilibres dans les deux directions sont inversées et leur rapport devrait donner 1.

Pour $CH_3COOH + F^- \leftrightarrow HF + CH_3COO^-$, $K_{eq} = \frac{(HF)(CH_3COO^-)}{(CH_3COOH)(F^-)}$

Pour $NH_3 + HSO_3^- \leftrightarrow SO_3^{2-} + NH_4^+$, $K_{eq} = \frac{(SO_3^{-2})(NH_4^+)}{(NH_3)(HSO_3^-)}$

Q22. Phosphate d'argent (Ag_3PO_4) est un sel légèrement soluble dans l'eau (0,0067g L^{-1} à 20 °C). i) Estimer la constante de solubilité (K_s) de Ag_3PO_4. ii) Calculer la solubilité de Ag_3PO_4 dans une solution contenant 0,11 mol L^{-1} de Ag^+. Le poids molaire de Ag_3PO_4 = 418,58 g mol^{-1}

Sol22. i) La réaction de solubilité de Ag_3PO_4 peut être exprimée par la réaction:

$Ag_3PO_{4(s)} \Leftrightarrow 3Ag^+_{(aq)} + PO_4^{-3}{}_{(aq)}$

La constante d'équilibre K_s de la réaction est: $K_s = (Ag^+)^3(PO_3^{-4})$, puisque la concentration de Ag_3PO_4 est égale à 1 (solide).

Solubilité (en mol L^{-1}): $S = \frac{(0{,}0067)}{(418{,}58)} = 1{,}6 \times 10^{-5}$ mol L^{-1}

ii) La stœchiométrie de la réaction indique que 1 mole Ag$_3$PO$_{4(s)}$ produit 3 moles de Ag$^+_{(aq)}$ et 1 mole de PO$_4^{-3}$$_{(aq)}$.

Donc, K_s = (Ag$^+$)^3(PO$_3^{-4}$) = (3× 1,6 × 10^{-5})^3 × (1,6 × 10^{-5}) = 1,76 × 10^{-18}

Si (Ag$^+$) = 0,11 mol L^{-1}, (PO$_4^{-3}$$_{(aq)}$) = $\frac{(Ag^+)}{3}$

Ainsi, K_s = (Ag$^+$)^3(PO$_3^{-4}$) = (0,11)^3 × ($\frac{0{,}11}{3}$) = 4,9 × 10^{-5}

Q23. AgOH est dissous dans une solution tampon à pH 12. i) Estimer sa solubilité dans ce milieu. Un autre sel (Mg(OH)$_2$) est dissous dans deux solutions aqueuses: l'une à pH 3 et l'autre à pH 11. ii) Estimer les solubilités de ce sel dans les deux milieux. Selon vous, le comportement de (Mg(OH)$_2$) pourrait-il être utile pour des procédés de séparation chimique?

Sol23. i) La réaction de solubilité de AgOH dans le tampon à pH = 12 peut être exprimée par:

AgOH → Ag$^+$ + OH$^-$

La constante de solubilité K_s = (Ag$^+$)(OH$^-$) puisque la concentration de AgOH solide est de 1.

D'autre part, pOH = 14 – pH = 14 - 12 = 2, donc (OH$^-$) = 0,01.

La stœchiométrie de la réaction indique que 1 mole de AgOH donne 1 mole de chacune des espèces. Par conséquent, (OH$^-$) = (Ag$^+$) = 0,01

Cela donne un K_s = 0,01 × 0,01 = 0,0001 = 10^{-4}

ii) La solubilité de Mg(OH)$_2$ dans la solution tampon à pH = 3 peut être exprimée ainsi:

Mg(OH)$_2$ → Mg^{2+} + 2OH$^-$

La stœchiométrie de la réaction indique que 1 mole de Mg(OH)$_2$ donnes 1 mole de Mg^{2+} et 2 moles OH$^-$.

La constante de solubilité K_s = (Mg^{2+})(2OH$^-$)^2, et pOH = 14 - 3 = 11

Donc, (OH$^-$) = 1×10^{-11} et (Mg^{2+}) = 0,5 × (1×10^{-11}) = 5×10^{-12}

K_s = (5×10^{-12}) × (1×10^{-11})^2 = 5 × 10^{-34}

La valeur de K_s est très faible, indiquant la très faible solubilité de Mg(OH)$_2$ dans ce milieu.

De même, le K_s de Mg(OH)$_2$ dans le tampon à pH 11 peut être exprimé par:

K_s = (Mg^{2+})(2OH$^-$)^2 parce que la concentration du solide Mg(OH)$_2$ est de 1.

Le pOH = 14 - 11 = 3, ce qui signifie que (OH$^-$) = 1×10^{-3} et (Mg^{2+}) = 0,5 × 1×10^{-3} = 5×10^{-4}

Cela donne une valeur de K_s = (5×10^{-4}) × (1×10^{-3})^2 = 5 × 10^{-10}

La solubilité de Mg(OH)$_2$ dans pH 3 est beaucoup plus élevée que celle dans pH 11, ce qui suggère que des milieux à pH élevé réduisent significativement la solubilité. Ce comportement pourrait être utilisé à des fins de séparation entre espèces chimiques.

Q24. Le fer réagit avec la vapeur d'eau à 500°C pour former de l'hydrogène gazeux et du Fe$_3$O$_4$. Formuler la constante d'équilibre de la réaction.

Sol24. À 500°C, le fer réagit avec la vapeur d'eau selon la réaction suivante:

Fe + H$_2$O $\rightarrow$ Fe$_3$O$_4$ + H$_2$

À l'équilibre, la constante de formation peut être exprimée par: K_{eq} = P$_{H2}$/P$_{H2O}$, où P est la pression. Les activités (ou concentrations) de Fe (solide) et Fe$_3$O$_4$ (solide) sont de 1. Si l'eau est utilisée en excès, sa concentration devrait également être 1. Notez bien que les concentrations, dans ce cas, sont exprimées en termes de pression parce que les espèces sont présentes en phase gazeuse.

Q25. Considère la réaction suivante à 298 K: 2NO$_{2(g)}$ $\Leftrightarrow$ N$_2$O$_{4(g)}$, avec l'enthalpie H = -57 kJ mol^{-1} à 298K. i) Écrire la constante d'équilibre de la réaction. ii) Qu'arrivera-t-il à la réaction dans les cas suivants: augmentation de T, augmentation de P, ajout de N$_2$O$_4$ et enlèvement de NO$_{2(g)}$.

Sol25. La constante d'équilibre de la réaction (2NO$_{2(g)}$ $\leftrightarrow$ N$_2$O$_{4(g)}$) pourrait s'écrire comme suit:

$$K_{eq} = \frac{(N_2O_4)}{(NO_2)^2}$$

ii) L'augmentation de T ou P devrait induire plus de collisions entre les réactifs pour produire plus de N$_2$O$_{4(g)}$. Ainsi, la réaction devrait progresser dans le sens direct de gauche à droite.

L'ajout de N$_2$O$_{4(g)}$ supplémentaire devrait avancer la réaction dans le sens inverse (de droite à gauche) pour consommer l'excès de N$_2$O$_{4(g)}$ et rétablir l'état d'équilibre (principe de Le Chatelier).

L'élimination du NO$_{2(g)}$ devrait également déplacer la réaction de droite à gauche pour produire plus de NO$_{2(g)}$ et restaurer l'état d'équilibre.

Q26. Le chlorure de potassium (KCl) est un sel hautement soluble dans l'eau. Sa solubilité est de 347 g L^{-1} à 20°C et 802 g L^{-1} à 100°C. Estimer sa constante de solubilité K_s à chaque température.

Sol26. La réaction de solubilité du KCl dans l'eau peut être résumée par:

KCl $\rightarrow$ K$^+$ + Cl$^-$

La constante de solubilité K_s pourrait s'écrire comme: $K_s = (K^+)(Cl^-)$, puisque la concentration du KCl solide est de 1.

À 20 °C, la solubilité est de 347 g L^{-1}, donc la concentration de $(K^+) = \frac{47}{39} = 8{,}89$ mol L^{-1} et celle de $(Cl^-) = \frac{347}{35{,}5} = 9{,}77$ mol L^{-1}

Cela donne : $K_s = 8{,}89 \times 9{,}77 = 86{,}89$

De même, à 100 °C, la solubilité est de 802 g L^{-1}, d'où la concentration de $(K^+) = \frac{802}{39} = 20{,}56$ mol L^{-1} et celle de $(Cl^-) = \frac{802}{35{,}5} = 22{,}5$ mol L^{-1}

Cela donne un $K_s = 20{,}56 \times 22{,}5 = 464{,}48$

On peut voir que des températures plus élevées induisent des constantes de solubilité plus grandes.

Q27. Considérons la réaction de combustion spontanée du méthanol liquide suivante:

$CH_3OH_{(l)} + \frac{3}{2}O_{2(g)} \Leftrightarrow CO_{2(g)} + 2H_2O_{(l)}$

Dans quelle direction la réaction doit-elle avancer dans chacun des scénarios suivants: i) ajout de $CO_{2(g)}$, ii) élimination du $CO_{2(g)}$, et iii) ajout de $CH_3OH_{(l)}$ et $\frac{3}{2}O_{2(g)}$?

Sol27. i) L'ajout de $CO_{2(g)}$ supplémentaire devrait déplacer la réaction de droite vers la gauche pour consommer l'excès de $CO_{2(g)}$ ajouté et rétablir l'équilibre (principe de Le Chatelier). ii) L'élimination du $CO_{2(g)}$ devrait déplacer l'équilibre de gauche à droite pour former plus de $CO_{2(g)}$ et rétablir l'équilibre. iii) L'addition des deux réactifs déplace l'équilibre de gauche à droite pour produire plus de produits.

Q28. HCl en phase gazeuse pourrait se dissocier en hydrogène et chlore, avec une constante d'équilibre de $6{,}2 \times 10^{-54}$ at 25°C.

$2HCl_{(g)} \leftrightarrow H_{2(g)} + Cl_{2(g)}$

i) i) Écrire l'expression de la constante d'équilibre. ii) Considérant la valeur de la constante d'équilibre, que pensez-vous de la dissociation de HCl?

Sol28. i) La constante d'équilibre peut être exprimée par: $K_{eq} = \frac{(H_2)(Cl_2)}{(HCl)^2}$

ii) Une constante d'équilibre de $6{,}2 \times 10^{-54}$ est très faible, ce qui signifie des concentrations de produits très faibles par rapport à celles des réactifs. Cela indique la très faible capacité de dissociation de HCl durant ce processus.

Q29. i) Brièvement, définir le potentiel chimique d'une substance. En quelle unité est-il mesuré?
ii) Quel serait le potentiel chimique d'un système à température et pression constantes?

Sol29. Le potentiel chimique peut être défini comme étant une énergie libre molaire partielle, qui est une forme d'énergie potentielle absorbée ou libérée au cours d'un processus chimique ou d'une transition de phase. Le potentiel chimique est exprimé en Joule kg^{-1} ou Joule mol^{-1} de la substance.

ii) Le potentiel chimique est donné par la relation: $dG = -SdT + VdP + (\mu_1 dN_1 + \mu_2 dN_2 \ldots)$, où dG représente le changement infinitésimal de l'énergie libre de Gibbs, S est l'entropie, V est le volume, dT et dP sont les changements infinitésimaux de température et pression du système, et dN_i est le changement infinitésimal du nombre d'espèces.

À température et pression constantes, dT et dP ont des valeurs de zéro. Ainsi, $dG = (\mu_1 dN_1 + \mu_2 dN_2 \ldots)$, ce qui signifie que le potentiel chimique est directement lié aux changements d'énergie libre et du nombre d'espèces.

Q30. Quelle est la relation entre le potentiel chimique et la concentration (ou activité) des espèces dissoutes dans l'eau?

Sol30. Le potentiel chimique d'une substance dissoute dans l'eau pourrait être exprimé par l'expression: $\mu_i = \mu_i^o + RT \ln(a_i)$, où R est la constante des gaz parfait, T est la température, μ_i^o est le potentiel chimique de l'espèce (i) aux conditions standards, et a_i est l'activité de l'espèce.

Q31. Si l'enthalpie d'une réaction est négative et l'entropie est positive, que pensez-vous de la spontanéité du processus?

Sol31. La relation entre l'enthalpie, l'entropie et l'énergie libre est donnée par l'expression:
$\Delta G = \Delta H - T\Delta S$, où H est l'enthalpie, S est l'entropie, et T est la température.
Si $\Delta H<0$ et $\Delta S>0$, $\Delta G<0$. Par conséquent, la réaction se produira spontanément.

Q32. i) En quelques mots, définir l'énergie d'activation d'une réaction? ii) Comment une enzyme influence elle l'énergie d'activation?

Sol32. i) L'énergie d'activation peut être définie comme étant l'énergie minimale requise pour qu'un système chimique induise une réaction. Elle est exprimée en $kJ\ mol^{-1}$ ou $kcal\ mol^{-1}$.

ii) Les enzymes sont des catalyseurs qui peuvent réduire l'énergie d'activation et permettre à la réaction de se produire plus facilement à un rythme plus rapide. À la fin de la réaction, les catalyseurs enzymatiques doivent être libérés dans le milieu réactionnel et séparés des produits et réactifs restants.

Q33. i) Brièvement, définir la conductivité d'une solution d'électrolyte. ii) Quel équipement de base est utilisé pour mesurer la conductivité des solutions? Expliquer le principe.

Sol33. i) La conductivité d'une solution d'électrolyte pourrait être définie comme étant la formation d'un flux de charge lors du passage d'un champ électrique. En d'autres termes, lorsqu'une solution d'électrolyte est soumise à un courant électrique avec des polarités positive et négative aux deux extrémités, les cations chargés positivement se déplaceront vers le pôle chargé négativement et les anions chargés négativement se déplaceront vers le pôle positif. Cela crée une sorte de mouvement de charge qui donne de la conduction électrique.

ii) Expérimentalement, la conductivité ionique est mesurée à l'aide d'un conductimètre. Les lois de base liées à l'électricité, telles que la loi d'Ohm ($V = IR$, avec V est la tension, I est le courant et R est la résistance de la solution) s'appliquent également à la conductivité des solutions électrolytiques. En général, la conductivité ionique k (S m^2 mol^{-1}) est définie par: $k = \frac{L}{RA}$, où A est la section transversale des électrodes, L est la distance entre les deux électrodes (pôles négatif et positif), et R est la résistance de la solution. Les constantes L et A sont souvent déterminées à partir d'expériences d'étalonnage en utilisant des cellules de conductivités connues.

Q34. i) Expliquer la différence entre la conduction métallique et électrolytique. ii) Pourquoi la conductivité d'un électrolyte augmente-t-elle avec la concentration? iii) Comment la dilution influence-t-elle la conductivité ionique?

Sol34. i) La conductivité ionique est différente de la conductivité traditionnelle produite dans des conducteurs métalliques. Dans les conducteurs métalliques, la conductivité est due à la formation d'électrons (chargés négativement) et de trous (chargés positivement) dans la structure cristalline du métal. Dans les solutions électrolytiques, la conductivité peut être considérée comme étant la génération d'un flux de charge lors du passage d'un champ électrique. En d'autres termes, lorsque la solution d'électrolyte est soumise à un courant avec des polarités positive et négative aux deux extrémités, les cations chargés positivement se déplaceront vers le pôle chargé négativement et les anions chargés négativement se déplaceront vers le pôle positif opposé. Cela crée une sorte de mouvement de charge qui conduit à la conduction électrique.

ii) La conductivité augmente avec la concentration de l'électrolyte car plus de courant électrique est transporté par les ions libres en solution. iii) La dilution diminue le nombre d'ions libres, réduisant ainsi la conductivité.

Table des Matières

Offres de remise	1
Introduction	2
Sommaire	3
1. Solvants aqueux et non aqueux	3
2. Solutions d'électrolytes	4
3. Quantification des concentrations des solutés	5
4. Conductivités des solutions d'électrolytes	6
5. Thermodynamique des solutions électrolytiques	7
5.1. Quantités d'énergie	7
5.2. Équilibres chimiques	8
5.3. Quelques équilibres importants	9
5.4. Solubilité, précipitation et réactions de complexation	10
5.5. Réactions acido-basiques	10
6. Réactions d'oxydoréduction	13
7. Cinétique des réactions chimiques	14
8. Quelques unités importantes de chimie utilisées en électrochimie	14
Résumé	15
Références	16
Questions Pratique et Problèmes avec solutions	18
Table des matières	34
À Propos De l'Auteur	36

www.ingramcontent.com/pod-product-compliance
Lightning Source LLC
Chambersburg PA
CBHW062236220526
45471CB00009B/3500